黑龙江少年儿童出版社

图书在版编目（CIP）数据

诗人笔下的二十四节气 / 石耿立著. -- 哈尔滨 : 黑龙江少年儿童出版社, 2018.10
（“亲近自然”名家原创儿童文学丛书 / 谭旭东主编）
ISBN 978-7-5319-5990-8

Ⅰ. ①诗… Ⅱ. ①石… Ⅲ. ①二十四节气—少儿读物 Ⅳ. ①P462-49

中国版本图书馆CIP数据核字(2018)第229798号

诗人笔下的二十四节气

Shiren Bixia De Ershisi Jieqi

石耿立 著

项目总监：商 亮
统筹策划：李春琦
责任编辑：夏文竹
封面设计：徐 甜
内文插图：徐 甜
内文制作：文思天纵
责任印制：姜奇巍
出版发行：黑龙江少年儿童出版社
（黑龙江省哈尔滨市南岗区宣庆小区8号楼 150090）
网 址：www.lsbook.com.cn
经 销：全国新华书店
印 装：北京博海升彩色印刷有限公司
开 本：787mm×1092mm 1/12
印 张：4.5
书 号：ISBN 978-7-5319-5990-8
版 次：2018年10月第1版
印 次：2018年10月第1次印刷
定 价：25.00元

目录

用诗表现世界的丰富……1
立春……2
雨水……4
惊蛰……6
春分……8
清明……10
谷雨……12
立夏……14
小满……16
芒种……18
夏至……20
小暑……22
大暑……24
立秋……26
处暑……28
白露……30
秋分……32
寒露……34
霜降……36
立冬……38
小雪……40
大雪……42
冬至……44
小寒……46
大寒……48

用诗表现世界的丰富

谭旭东

近两年，市面上出现了不少关于二十四节气的童书，有的是绘本，有的是科普读物，有的是散文集，但还没有以二十四节气为题材的童诗集。

我一直写童诗，出版了多部作品集，而且我在北京、广州、深圳、洛阳和嘉兴等地的小学做语文教育指导时，也发现孩子们其实很喜爱读诗，也爱写诗。

我喜欢那些优美、有想象力、有灵动思想的文字，于是就萌发了写一本适合孩子读的关于二十四节气的童诗集的想法。我把这一想法告诉了黑龙江少年儿童出版社的李春琦老师，她很支持，而且希望我主编一套关于二十四节气的童书。

这套二十四节气儿童诗由耿立、林乃聪、海嫫和我四个人共同创作。耿立是一位著名散文家，也是大学教授，会讲作文，既有理论素养，又有创作能力；既写散文随笔，又写诗，是难得的优秀诗人。林乃聪是一位语文教研员，也是多年在一线从事儿童诗教的诗人，出版了多部儿童诗集，是优秀诗人兼资深诗教专家。海嫫是一位诗人，还是一位童话作家，她对儿童阅读和语文教育有自己的理解，出版了多部作品集。而我本人也在大学任教，从事童诗创作和语文教育指导工作多年。并且，值得一提的是，我还是北师大中国儿童阅读提升计划项目首席专家，而耿立、海嫫和林乃聪都是这个项目的专家。因此，这套诗集的作者，我不谦虚地说，都是很棒的。抛开作者因素，单从作品本身来说，这套诗集也是用心之作。我们的写作非常认真、严肃，不是那种为了完成某个社会主题或自然素材的“任务”的被动写作，而是因为喜爱孩子，内心保持着儿童的天真，在童心的驱使下的主动写作。所以这套关于二十四节气的“‘亲近自然’名家原创儿童文学丛书”，无疑有着满满的童心，有着对孩子满满的爱。

这套关于二十四节气的儿童诗集“‘亲近自然’名家原创儿童亲子丛书”，是我们与黑龙江少年儿童出版社的诗意合作，诗心碰撞。这四本诗集展示了世界的丰富，世界的美，读者可以感受到自然之美、之趣，也可以感受到生活之美、之趣，还可以感受到人生之美、之趣。好的诗，不是简单的玩儿几个意象，而是要有深度，有个性，有风格，有独特的气质。好的儿童诗，不但要有意向美，还要有趣味美、意境美和思想美，更要有童心之美。

希望读者喜欢这套二十四节气儿童诗集！

2018年盛夏初稿于上海大学
定稿于北京寓所

立春

这是春的起跑线
山西的花朵
山东的花朵
都在起跑线上
教室里
班长喊了一声
起立
随着板凳声响起立的
还有门外的小狗
以及小狗眼里
的麦苗
那些麦苗
都整理一下衣裳
站得整整齐齐
向着玻璃上贴的“春”字
行注目礼

知识点链接

立春是二十四节气中的第一个节气，时间在每年的公历2月3、4或5日。“立”是“开始”的意思，自秦代以来，中国就一直以立春作为春季的开始。立春是从天文上来划分的。春是温暖，鸟语花香；春是生长，耕耘播种。从立春开始一直到立夏前这段期间，被称为春天。

雨水

这时，村子开始湿了
小鸡开始追逐着一滴雨点
在地上奔跑
伞变成了村庄里的亭子
亭子成了村庄的伞
小草可不想有亭子罩着
它们就想在雨水里
洗脚板

雨滴在耕牛的蹄印里
如袖珍的池塘
可以让一些草种子
免费洗澡

知识点链接

雨水是二十四节气中的第二个节气，时间在每年的公历2月18、19或20日。此时，气温回升、冰雪融化、降水增多，故取名为“雨水”。雨水和谷雨、小雪、大雪一样，都是反映降水现象的节气。

《月令七十二候集解》上说：“正月中。天一生水，春始属木，然生木者，必水也，故立春后继之雨水，且东风既解冻，则散而为雨矣。”意思是说，雨水节气前后，万物开始萌动，春天就要到了。

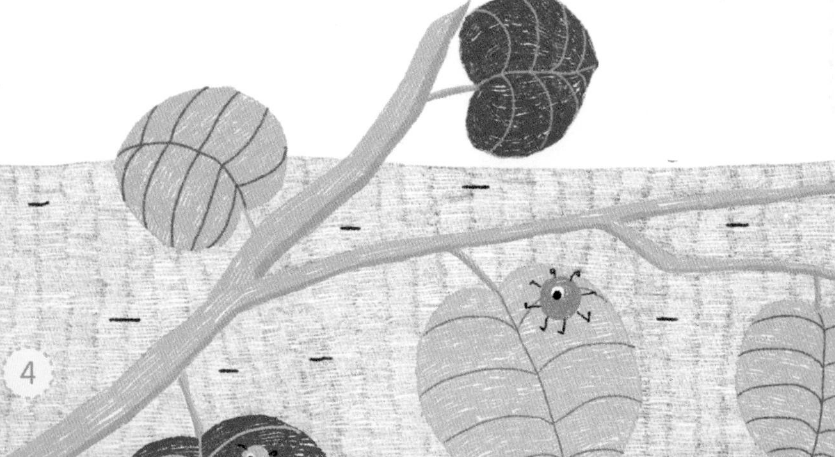

惊蛰

埋在地下的种子，这天开始
挪动身子骨
就是这么神奇，前一秒钟
还淡定
这一秒就血脉贲张
满地的响声
满树的激动
漫天的鸟鸣

人在这时也看不住自己
也想开花，也想开口
想抓起电话，跟种子交流一下
跟鸟儿交流一下，捎带着问候一下树
树一开口
那一定是春的花腔
那一定是春的羽毛
那一定是春天敞开的怀抱

知识点链接

惊蛰，古称“启蛰”，是二十四节气中的第三个节气，时间在每年的公历3月5、6或7日。《月令七十二候集解》上说：“二月节……万物出乎震，震为雷，故曰惊蛰。是蛰虫惊而出走矣。”

这时天气转暖，渐有春雷。此前，动物入冬藏伏土中，不饮不食，称为“蛰”，而“惊蛰”即上天以打雷惊醒蛰居动物的日子。这时中国大部分地区进入春耕季节。

春分

这是钟摆最公正的裁决
白不多一分
黑不少一分
时针以正步
站在黑白的中间
遵守约定
流星也遵守集体纪律

不再跑出队伍
黄昏的时候
鸟儿想家
它忽然觉得
黄昏的门槛比昨天
往后移动了一下

春分是二十四节气中的第四个节气，是春季九十天的中分点，时间在每年的公历 3 月 20 或 21 日。春分这一天太阳直射地球赤道，南北半球季节相反，北半球是春分，南半球是秋分，南北半球昼夜都一样长。

清明

哭声把乌云弄塌方了
雨把整个村子都弄湿了
把牛的眼睛也弄湿了

杏花村在哪里?
这天这么多问路的人
都向杏花村去
杏花村的牧童
在回答问路人的时候

发现问路人的嗓子
都带着哭腔
眼里的泪水
和天上的雨水一样
用手帕也擦不干

杏花村的杏花
在半空中
围成半个花圈

知识点链接

清明是二十四节气中的第五个节气，时间在每年的公历4月4、5或6日。民间习惯在这天扫墓。

《岁时百问》上说：“万物生长此时，皆清洁而明净，故谓之清明。”清明一到，气温升高，雨量增多，正是春耕春种的大好时节。

谷雨

多少粒的谷子才能长成雨啊?
多少的雨才能
够小树、庄稼和花朵洗澡?
那些点豆的农夫
躲在雨的玻璃后面
数着雨滴一滴两滴
也数着种子一颗两颗
这雨滴
就变成夏天的花朵
就变成秋天的玉米
你问我多少滴雨滴才能
长成一朵花
你问我多少颗雨滴才能
长成一个玉米
我说小学的四则混合运算
你忘记了吗?
你在大地的草纸上演算吧

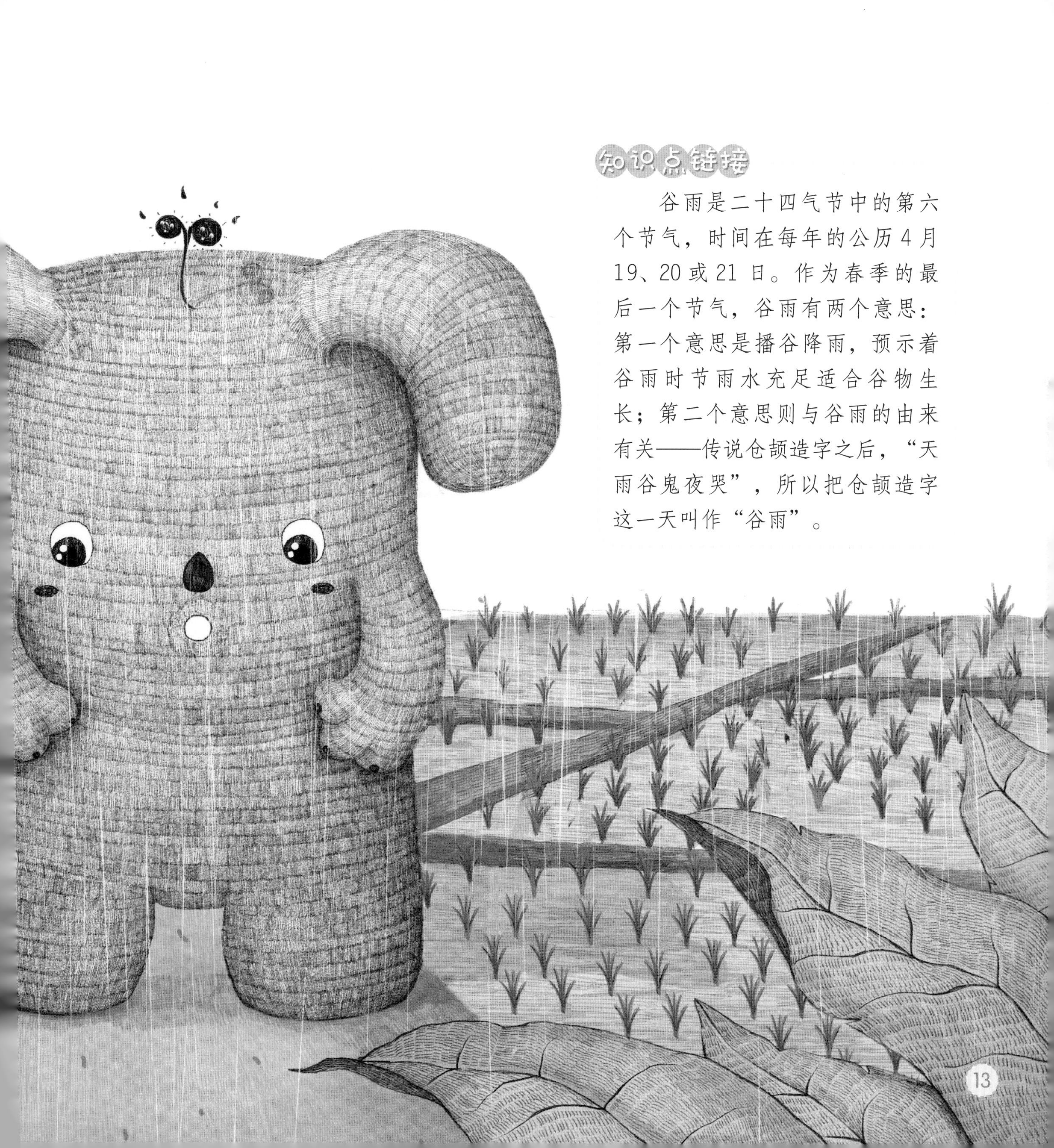

知识点链接

谷雨是二十四气节中的第六个节气，时间在每年的公历4月19、20或21日。作为春季的最后一个节气，谷雨有两个意思：第一个意思是播谷降雨，预示着谷雨时节雨水充足适合谷物生长；第二个意思则与谷雨的由来有关——传说仓颉造字之后，“天雨谷鬼夜哭”，所以把仓颉造字这一天叫作“谷雨”。

立夏

春天仰起头
看树梢上的花朵
我听到它们的对话
“为什么爬那么高？”
“准备乘凉。”
“还下来吗？”
“秋天。”

知识点链接

立夏是二十四节气中的第七个节气，时间在每年的公历5月5、6或7日。它是夏季的第一个节气，表示孟夏时节的正式开始。“斗指东南，维为立夏，万物至此皆长大，故名立夏也。”

在天文学上，立夏表示即将告别春天，是夏天的开始。人们习惯上都把立夏当作是温度明显升高、炎暑将临、雷雨增多、农作物进入生长旺季的一个重要节气。

麦穗像一个怀孕八个月的女人
有着大大的肚子
你问她怀有几个孩子
她也说不清
也许正因为这
我们的世界才这么富有生命

知识点链接

小满是二十四节气中的第八个节气，时间在每年的公历5月20、21或22日。《月令七十二候集解》上说：“四月中。小满者，物至于此小得盈满。”这时我国北方夏熟作物子粒逐渐饱满，早稻开始结穗，在禾稻上始见小粒的谷实，满满的，南方进入夏收夏种季节。

蚂蚁抬着一粒粒的麦粒回家了
它们的肩头红肿
但长长的触须如乡村的皱纹
都舒展开了
一只螳螂正在练习飞刀
但没有伤着蜻蜓一根毫毛
蜻蜓一耸肩
扇着幻想的翅膀到夕阳
那边去了

知识点链接

芒种是二十四节气中的第九个节气，时间在每年的公历6月5、6或7日。芒种字面的意思是“有芒的麦子快收，有芒的稻子可种”。此时，我国长江中下游地区将进入多雨的黄梅季。

夏至

太阳在加温
把日子烤了再烤
心都成了烫的了
奶奶的蒲扇也扇不凉
知了在树梢大声喊叫
就如整个世界被火车的轮子
碾过

知识点链接

夏至是二十四节气中的第十个节气，时间在每年的公历6月21或22日。夏至这天，太阳直射地面的位置到达一年的最北端，几乎直射北回归线，此时，北半球的白昼达到最长，且越往北越长。

我国民间把夏至后的15天分成三“时”，一般头时三天，中时五天，末时七天。这期间我国大部分地区气温较高，日照充足，作物生长很快，生理和生态需水均较多。此时的降水对农作物的产量影响很大，所以有“夏至雨点值千金”之说。

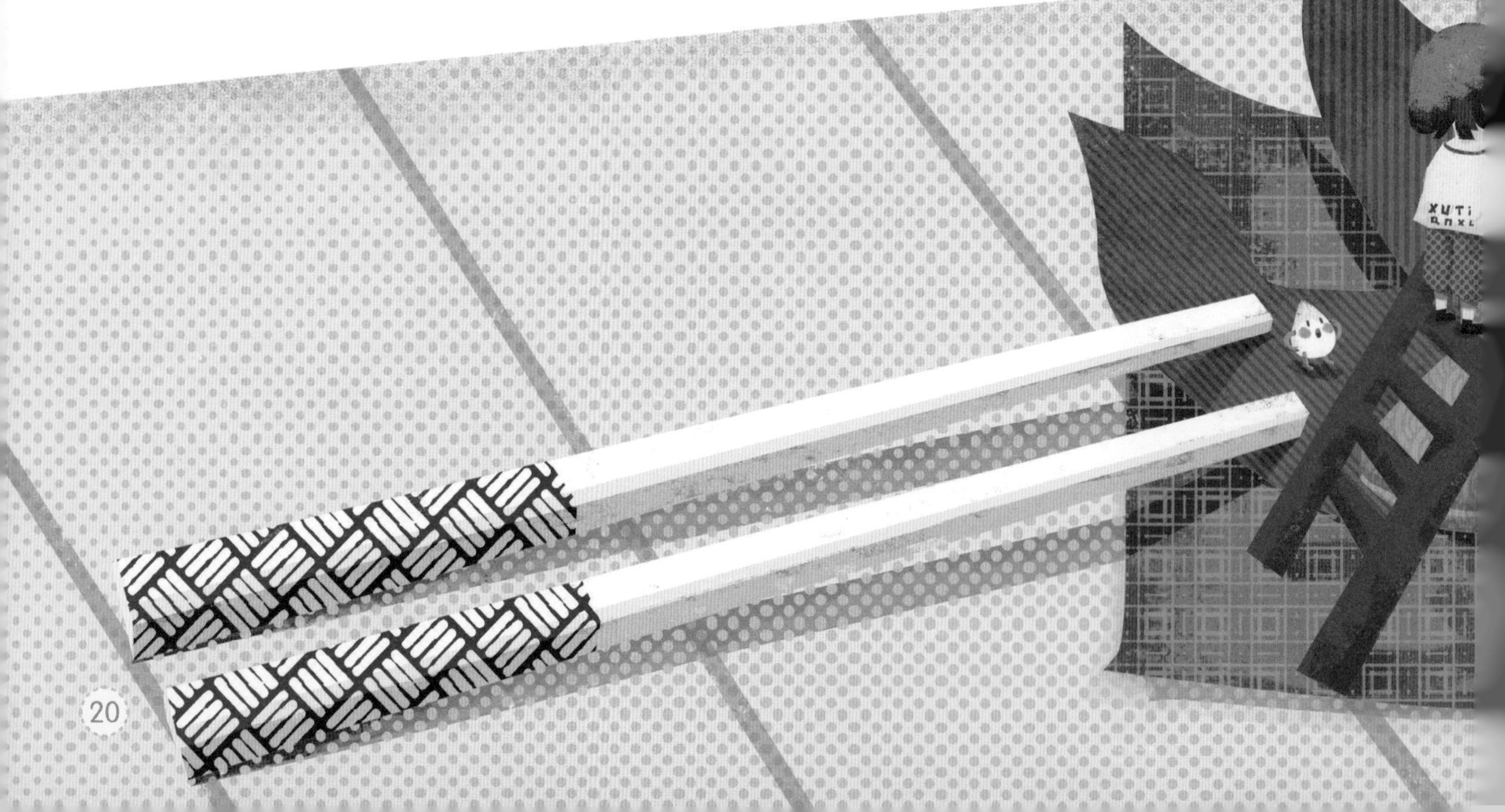

小暑

温度又在树上爬高五厘米
屋檐成了所有虫子的草帽
大家都躲在草帽下乘凉
小鸡躲到母鸡的翅膀下
那翅膀就是不用电的风扇
经久耐用
童年端着青花瓷的碗求雨
让所有九十厘米高还用不着买票的小树
也端着青花瓷的碗求雨
远处有了雷声
快戴上斗笠
看天是否漏雨？

知识点链接

小暑是二十四节气中的第十一个节气，时间在每年的公历7月6、7或8日。“暑”表示炎热的意思，小暑，为小热，还不十分热，意指天气开始炎热但还没到最热，此时全国大部分地区基本符合这个概念，全国的农作物都进入了茁壮成长阶段。

大暑

大暑天的太阳个子很高
我们很矮
大暑天的衣裳很薄
就是一片树叶
挡住害羞
大暑天热情太高
嘴唇被烤出了燎泡
只有零度才能压住
于是
冰激凌都让给白云吃吧
说不定
那白云激动了就向雨打个借条
借一下雨的灭火器
把大家浑身的火苗浇一浇

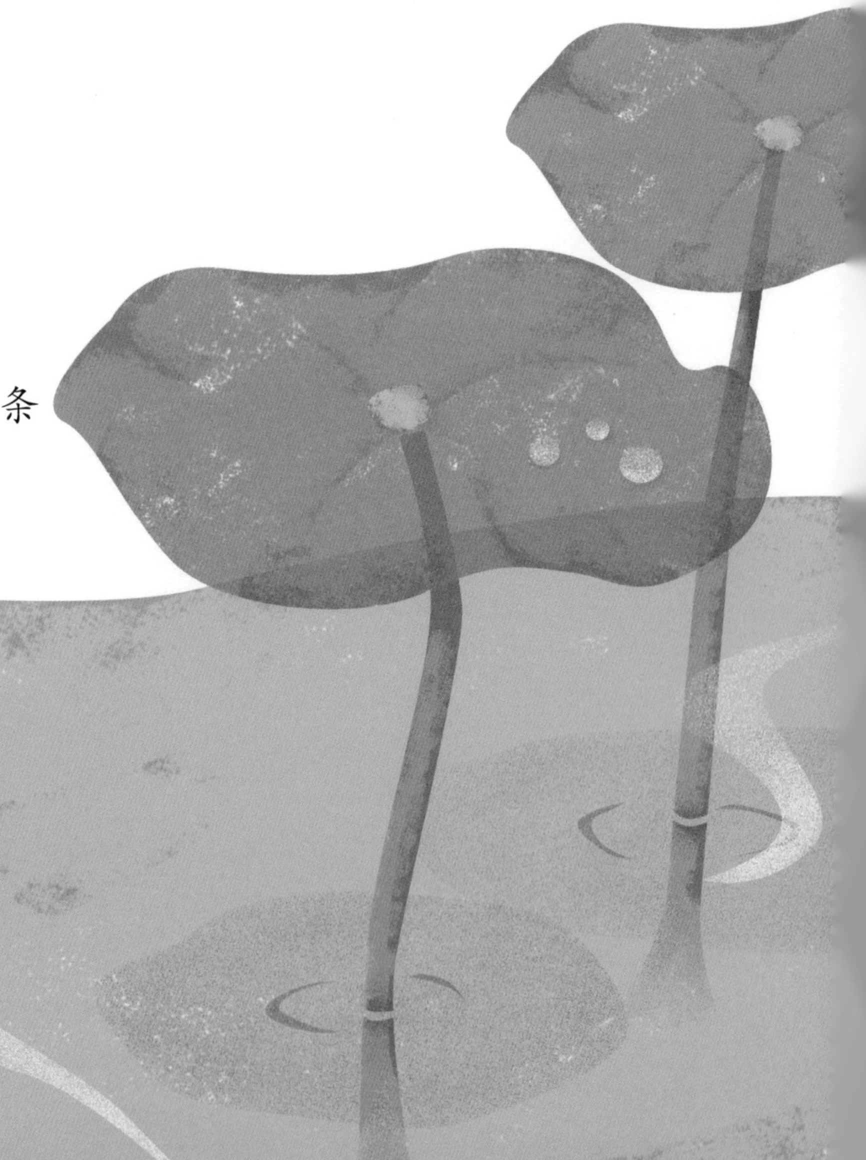

知识点链接

大暑是二十四节气中的第十二个节气，时间在每年的公历 7 月 22、23 或 24 日。

其气候特征是："斗指丙为大暑，斯时天气甚烈于小暑，故名曰大暑。"大暑节气正值"三伏天"里的"中伏"前后，是一年中最热的时期，气温最高，农作物生长最快，同时，很多地区的旱、涝、风灾等各种气象灾害也最为频繁。

立秋

风在这天改名字
雨在这天改名字
老虎在这天也改名字
就叫秋老虎
老虎的牙齿开始不再坚硬
老虎的心肠开始柔软
蝉在这一天感到了
风的风凉话而
不寒而栗

绿也准备后撤
梧桐早早地把外套脱下
直到梧桐还剩最后一条内裤
大家都准备看
梧桐的笑话

知识点链接

立秋是二十四节气中的第十三个节气，时间在每年的公历8月7、8或9日。“秋”就是指暑去凉来，意味着秋天的开始。

到了立秋，梧桐树必定开始落叶，因此才有“落一叶而知秋”的成语。秋季包括立秋、处暑、白露、秋分、寒露、霜降六个节气，是由热转凉再由凉转寒的过渡性季节。

立秋一般预示着炎热的夏天即将过去，秋天即将来临。立秋后虽然一时暑气难消，还有秋老虎的余威，但总的趋势是天气逐渐凉爽。

处暑

都要听口令
花朵要歇下脚
热度要歇下脚
鸟在巢中
把电风扇关掉

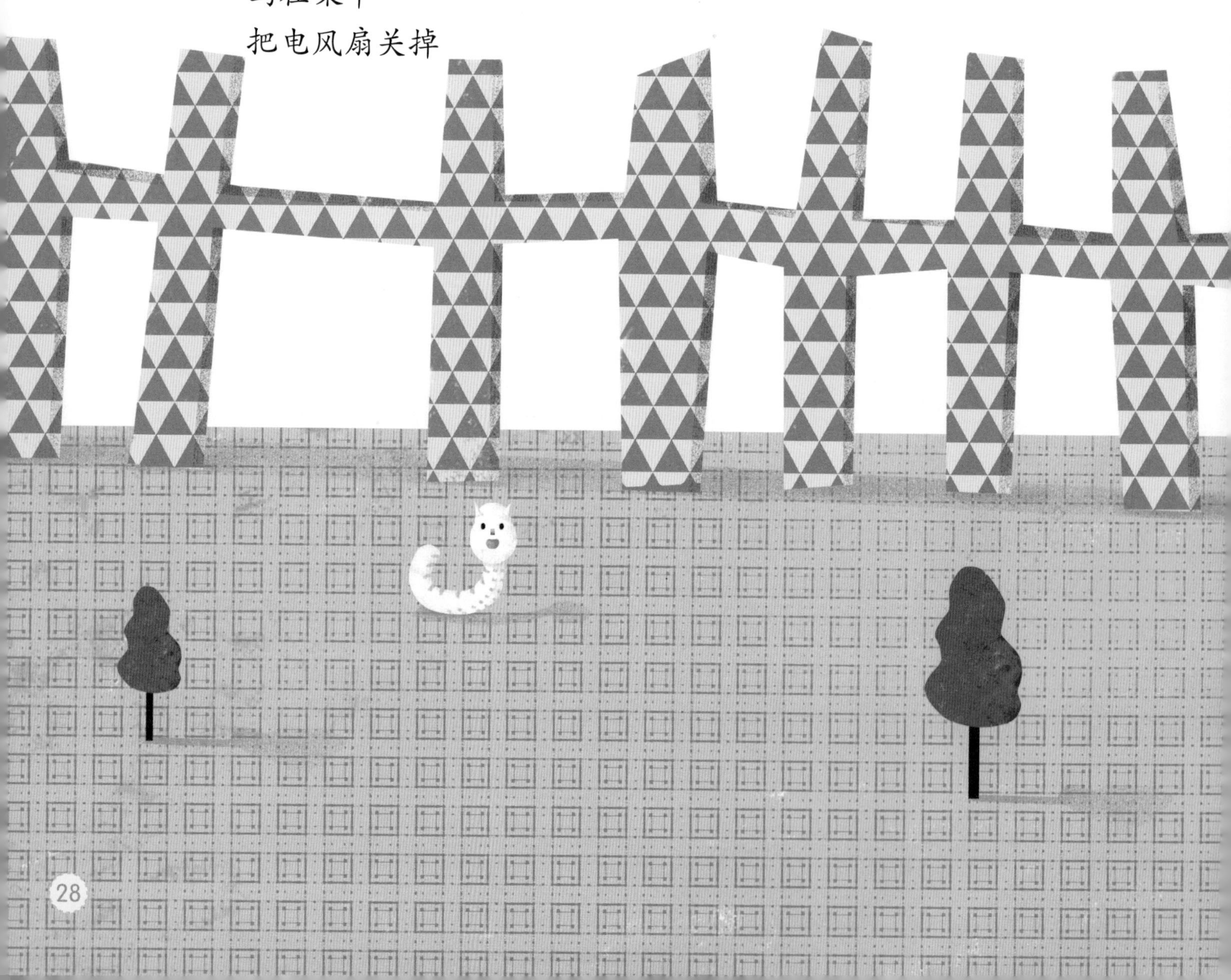

知识点链接

处暑是二十四节气中的第十四个节气，时间在每年的公历 8 月 22、23 或 24 日。

《月令七十二候集解》上说：“七月中。处，止也。暑气至此而止矣。”此后，我国长江以北地区气温逐渐下降。此时，虽然秋季在名义上已经来临，但夏天的暑气仍然未减，尽管早晚已有些浓重的凉意。

白露

童年的眼珠是黑的
在乡村
熠熠发光
露水的肚皮是白的
像新发下来的算术本
夜也是白的
白花花的
那晚我起来小便
看到窗外
露珠挂在窗棂上的蜘蛛网上
晃荡着打秋千

白露是二十四节气中的第十五个节气，时间在每年的公历9月7、8或9日。

《月令七十二候集解》上说：“八月节……阴气渐重，露凝而白也。”白露时节，天气渐渐转凉，清晨时分地面和叶子上有许多露珠，这是因为夜晚水汽凝结在上面。古人以四时配五行，秋属金，金色白，故以白形容秋露。这一节气也正因此而得名“白露”。白露实际上是表征天气已经转凉。

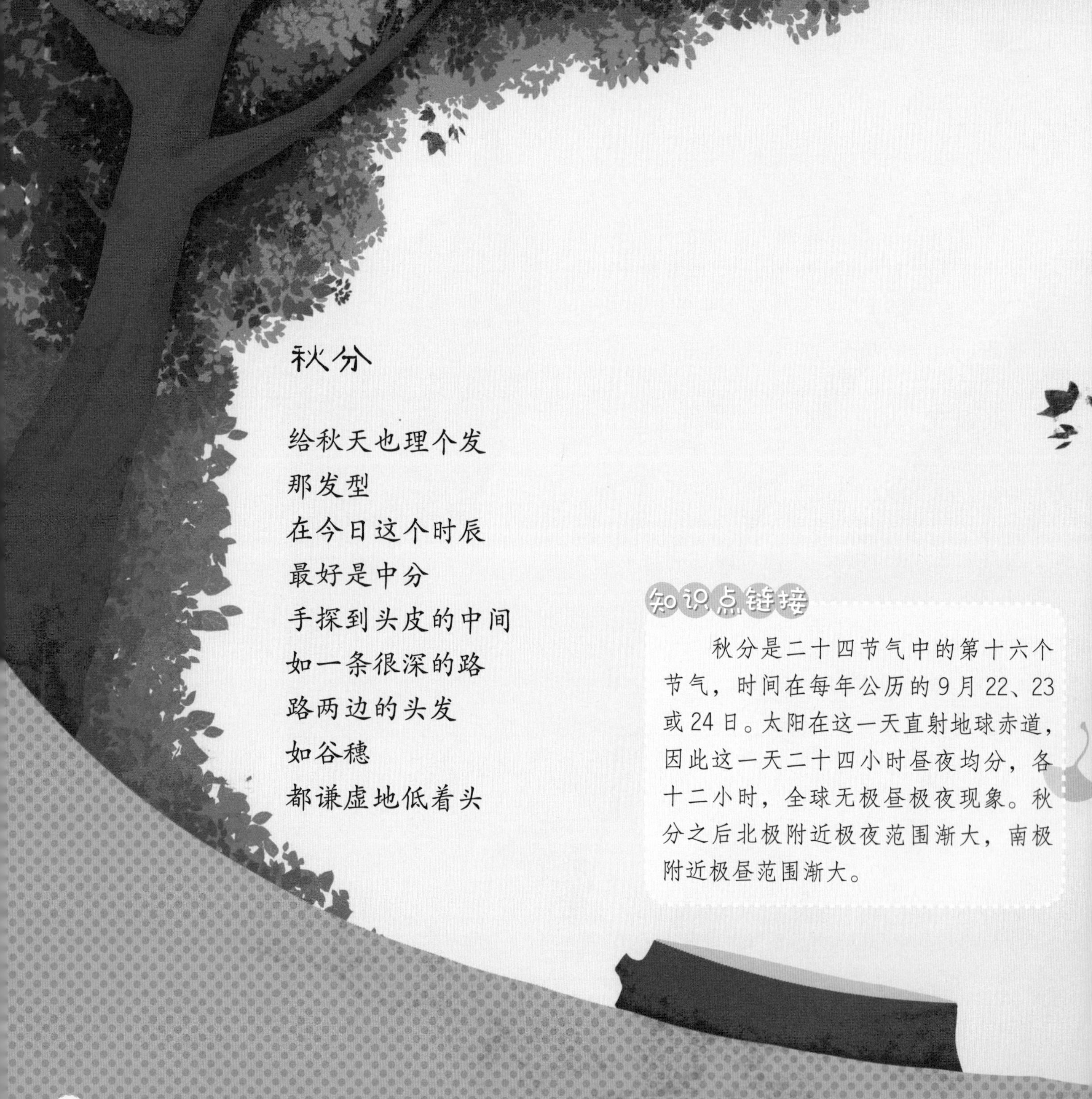

秋分

给秋天也理个发
那发型
在今日这个时辰
最好是中分
手探到头皮的中间
如一条很深的路
路两边的头发
如谷穗
都谦虚地低着头

知识点链接

秋分是二十四节气中的第十六个节气，时间在每年公历的9月22、23或24日。太阳在这一天直射地球赤道，因此这一天二十四小时昼夜均分，各十二小时，全球无极昼极夜现象。秋分之后北极附近极夜范围渐大，南极附近极昼范围渐大。

乡村开始把衣领竖起来
刺猬也开始
白菜把紧裹的衣服
裹得不能再紧
这就叫抱团取暖
这时候光脚有点儿凉啊
狐狸在乡村经过的时候
迈步有点儿迟疑

知识点链接

寒露是二十四节气中的第十七个节气，时间在每年公历的10月7、8或9日。《月令七十二候集解》上说："九月节。露气寒冷，将凝结也。"寒露的意思是气温比白露时更低，地面的露水更冷，快要凝结成霜了。寒露时节，南岭及以北的广大地区均已进入秋季，东北和西北地区已进入或即将进入冬季。

白露、寒露、霜降三个节气都表示水汽凝结现象，而寒露是气候从凉爽到寒冷的过渡，寒露时我们已经可以隐约听到冬天的脚步声了。

霜降

这天夜里回家
老天会备下礼物
每个人的眉毛都不是空的
都挂着白
衣服上也是
空手回家多不好啊
在灯下看到归家的父亲
他脱去坎肩
那上面，有一种
沧桑
好像月光在排队等待通过

知识点链接

霜降是二十四节气中的第十八个节气，时间在每年的公历10月23或24日。霜降是秋季的最后一个节气，是秋季到冬季的过渡节气。这个时节，夜晚地面上散热很多，温度骤然下降到0℃以下，空气中的水蒸气在地面或植物上直接凝结形成细微的冰针，有的成为六角形的霜花，色白且结构疏松。

“霜降”表示天气逐渐变冷，露水凝结成霜。我国古代将霜降分为三候：一候豺乃祭兽；二候草木黄落；三候蛰虫咸俯。意思是说，此节气中豺狼将捕获的猎物先陈列后再食后；大地上的树叶枯黄掉落；蛰虫也全在洞中不动不食，垂下头来进入冬眠状态。

立冬

田鼠把最后一块红薯
搬运到地心的窝巢
准备过冬的饼干
在它要关闭门扉的时候
它向着树梢上的寒号鸟说道
懒鬼，再不准备冬天的棉衣
爪子会冻掉的
田鼠的声音很大
连村庄都哆嗦了一下
天真冷啊

知识点链接

立冬是二十四节气中的第十九个节气，时间在每年的公历 11 月 7 或 8 日，立冬过后，日照时间将继续缩短，正午太阳高度继续降低。

“立”表示冬季自此开始。“冬”是“终了”的意思，有农作物收割后要收藏起来的含意，我国习惯上把立冬作为冬季的开始。

小雪

天上的柳树
一起在摇晃
一片柳絮来访
无数的柳絮来访
来了，就不客气
该坐哪儿就坐哪儿
有坐屋檐的
有坐井台的
羊在记忆里寻找
这场景好熟悉
它猛地想起
脑子里春天的柳絮
是否也跑了出去

知识点链接

小雪是二十四节气中的第二十个节气。时间在每年的公历 11 月 22 或 23 日。进入该节气，我国广大地区西北风开始成为常客，气温逐渐降到 0℃以下，但大地尚未过于寒冷，虽开始降雪，但雪量不大，故称“小雪”。此时阴气下降，阳气上升，而致天地不通，阴阳不交，万物失去生机，天地闭塞而转入严冬。黄河以北地区会出现初雪，提醒人们该御寒保暖了。

大雪

这夜白头了
人们和麦苗一样
都如幸福的虫子
在温暖的被窝里
大地
这就是一张纸啊
脚印首先写下一行歪扭的
篆书

屋子胖了
天空矮了
几个不怕冷的儿童
踮着脚尖
和天比高

知识点链接

大雪是二十四节气中的第二十一个节气，时间在每年的公历12月6、7或8日。这个时节天气更冷，降雪的可能性比小雪时更大了。

“小雪腌菜，大雪腌肉。”大雪节气一到，家家户户都忙着腌制“咸货”。

冬至

河流漫过
连肚脐眼也结冰了
那一圈一圈的漩涡
手指可不要碰
这天的饺子
就像嫂子怀孕了

老师
从学校回来
叫女儿把一枝还未开花
的干枝梅
插在花瓶里
老师说
让它做我们的温度计

知识点链接

冬至又称“冬节”“贺冬”，是二十四节气中的第二十二个节气，与夏至相对，时间在每年的公历 12 月 21、22 或 23 日。

冬至这天，太阳直射地面的位置到达一年的最南端，几乎直射南回归线。这一天北半球得到的阳光最少，比南半球少了 50%。北半球的白昼时长最短，且越往北白昼越短。

我国北方有冬至吃饺子的风俗，而南方则是吃汤圆。当然也有例外，如在山东滕州等地，冬至习惯叫作“数九”，流行过数九当天喝羊肉汤的习俗，寓意驱除寒冷。

小寒

村庄的那些屋子
在靠近
窸窸窣窣的
抱团取暖
不失为一个好方法
那晚村庄的电闹情绪
电工师傅夜半归来
他扑打着身上的霜花

家家的窗棂亮了
怕冷的电
被挂在墙上
一个个的灯泡
如红红的蜡烛头
在
晃

知识点链接

小寒是二十四节气中的第二十三个节气，时间是在每年的公历1月5、6或7日。此时正值“三九”前后。小寒标志着开始进入一年中最寒冷的日子。《月令七十二候集解》上说：“十二月节。月初寒尚小，故云。月半则大矣。”

大寒

狗都把皮帽戴上
星星如一块块的碳
把被子
弄出一个个的洞
老师对着屋檐下
不肯觅食的麻雀说
冬天到了
春天还会远吗
那些麻雀
叫着到远方去了
好像老师在黑板上
画下的省略号

知识点链接

大寒是二十四节气中的第二十四个节气，时间在每年的公历 1 月 20 或 21 日。《授时通考·天时》引《三礼义宗》说：“大寒为中者，上形于小寒，故谓之大……寒气之逆极，故谓大寒。”这时寒潮南下频繁，是我国大部分地区一年中最冷的时期，风大，低温，地面积雪不化，呈现出冰天雪地、天寒地冻的严寒景象。

石耿立，笔名耿立，中国作家协会会员，散文家、诗人，教授。

第七届鲁迅文学奖提名奖获得者，2014年第五期《北京文学》封面人物。

作品获第四届在场主义散文奖、第六届老舍散文奖；入围第五届鲁迅文学奖；获山东省第二届泰山文艺奖、第十届广东省鲁迅文学奖。其作品多次被《新华文摘》等国内多家权威刊物选载。出版有《遮蔽与记忆》《新艺术散文概论》《会飞的春天》等十余本散文、儿童诗及理论集。